海水、沉积物溢油污染监测评价指导手册

王鑫平　孙培艳　等 著

海洋出版社

2015年·北京

图书在版编目（CIP）数据

海水、沉积物溢油污染监测评价指导手册/王鑫平等著 . —北京：海洋出版社，2015.10

ISBN 978 – 7 – 5027 – 9257 – 2

Ⅰ.①海…　Ⅱ.①王…　Ⅲ.①漏油 – 海水污染 – 污染测定 – 手册

Ⅳ.①X55 – 62

中国版本图书馆 CIP 数据核字（2015）第 238993 号

责任编辑：张　荣

责任印制：赵麟苏

海洋出版社　出版发行

http://www.oceanpress.com.cn

北京市海淀区大慧寺路 8 号　邮编：100081

北京画中画印刷有限公司印刷　　新华书店发行所经销

2015 年 10 月第 1 版　2015 年 10 月北京第 1 次印刷

开本：787 mm×1092 mm　1/16　印张：3.5

字数：70 千字　定价：20.00 元

发行部：62132549　邮购部：68038093　总编室：62114335

《海水、沉积物溢油污染监测评价指导手册》
编写人员名单

王鑫平　　孙培艳　　杨晓飞　　曹丽歆　　李福娟　　李光梅

前　　言

随着社会经济的发展,人类对能源的需求持续加大,海上石油勘探开发、海上石油运输活动日趋频繁,海洋溢油风险不断增加,海洋溢油的预防和应急任务异常艰巨。

为了掌握溢油对环境污染损害范围、程度,溢油之后的环境监测评价必不可少。目前,我国在溢油应急监测评价工作中,一般按照海洋监测规范开展溢油后的海洋环境监测。而海洋监测规范是针对正常海洋环境状况而制定的,与溢油后的实际海洋环境状况极大不符,相应的监测指标、监测方法也不适用于溢油后的现场状况,不能反映溢油后最迫切需要回答的环境问题。比如对于溢油后如何开展海面油膜监测,如何开展海底油污监测,如何确定污染范围等,都无法通过常规的海洋环境监测评价做出回答,这些问题也是"7.16"大连溢油、2011 年蓬莱19-3 油田溢油监测中监测评价人员面临的主要困扰。

本手册的目的在于指导海洋环境监测评价人员在溢油后能科学地制定监测方案,规范化获取现场信息和样品,开展客观的影响评价。

目　次

1　概述 ……………………………………………………………… (1)

　1.1　前期准备 ……………………………………………………… (1)

　1.2　监测方案制订 ………………………………………………… (1)

　1.3　现场监测实施 ………………………………………………… (2)

　1.4　污染评价 ……………………………………………………… (2)

2　溢油监测评价的一般方法 ……………………………………… (3)

　2.1　需求的提出 …………………………………………………… (3)

　2.2　溢油监测评价的目的和内容 ………………………………… (3)

　2.3　监测类型 ……………………………………………………… (4)

　　2.3.1　按监测目标分类 ………………………………………… (4)

　　2.3.2　按监测内容和规模分类 ………………………………… (5)

　2.4　监测工作原则 ………………………………………………… (5)

　　2.1.1　目的性原则 ……………………………………………… (5)

　　2.4.2　时效性原则 ……………………………………………… (5)

　　2.4.3　可行性原则 ……………………………………………… (5)

　2.5　监测的主要手段和方法 ……………………………………… (6)

　　2.5.1　海水样品采集 …………………………………………… (6)

　　2.5.2　沉积物样品采集 ………………………………………… (6)

　　2.5.3　油指纹样品采集 ………………………………………… (7)

　　2.5.4　海面油污观测 …………………………………………… (7)

3　前期准备 ………………………………………………………… (9)

　3.1　海水石油类采样工具 ………………………………………… (9)

　3.2　海水石油类萃取工具 ………………………………………… (9)

　3.3　海水石油类分析工具 ………………………………………… (10)

　3.4　油指纹采样工具 ……………………………………………… (11)

4　监测方案设计 …………………………………………………… (14)

　4.1　监测站位布设 ………………………………………………… (14)

  4.1.1 站位布设原则 ·· (14)

  4.1.2 海水监测站位布设 ·································· (15)

  4.1.3 沉积物监测站位布设 ······························ (15)

  4.1.4 油指纹采样 ·· (16)

 4.2 监测项目及分析方法 ······································ (16)

 4.3 采样层次 ·· (17)

  4.3.1 海水 ·· (17)

  4.3.2 沉积物 ·· (18)

 4.4 溢油监测时间与频率 ······································ (18)

  4.4.1 应急性监测 ·· (18)

  4.4.2 综合性监测 ·· (18)

5 监测实施 ·· (19)

 5.1 海面油膜监测 ·· (19)

  5.1.1 海面油膜的发现和判断 ························· (19)

  5.1.2 油膜(油污颗粒)的信息观测和记录 ······· (21)

  5.1.3 油指纹样品采集 ·································· (23)

 5.2 海水样品采集 ·· (28)

  5.2.1 表面海水石油类 ·································· (28)

  5.2.2 表层海水石油类 ·································· (29)

  5.2.3 中底层海水石油类 ······························ (29)

  5.2.4 采样信息记录 ······································ (31)

 5.3 沉积物样品采集 ·· (31)

  5.3.1 表层沉积物采样 ·································· (31)

  5.3.2 柱状沉积物样品采集 ··························· (33)

  5.3.3 采样信息记录及样品保存 ····················· (34)

6 海水、沉积物溢油污染影响评价 ······························ (36)

 6.1 概述 ·· (36)

 6.2 单项评价方法 ·· (37)

  6.2.1 海水水质评价 ······································ (37)

  6.2.2 海水水体污染范围评价 ························· (40)

  6.2.3 海水水体体积评价 ······························ (42)

  6.2.4 海面溢油量估算 ·································· (43)

  6.2.5 海水水体污染物增量估算 ····················· (44)

  6.2.6 沉积物质量评价 ·································· (45)

6.2.7 沉积物中多环芳烃生态风险评价 ················· (45)

6.2.8 沉积物中石油类增量评价 ····················· (46)

6.2.9 沉积物污染范围评价 ························· (47)

6.3 海水、沉积物溢油污染监测与评价报告大纲 ········· (48)

1 概　述

海洋溢油的海洋环境损害对象主要包括岸滩、海水、沉积物、生物等,不同介质的监测评价方法各有不同。其中对海水、沉积物的监测都是以船舶为监测平台开展,监测项目主要为化学项目,从方案的制订到监测评价的实施具有较强的整体性,因此作为一个完整的系统进行介绍。

针对溢油污染事故开展环境监测评价,从前期准备、制订监测方案,到完成监测评价的全过程,包括4部分工作内容。

1.1　前期准备

前期准备工作包括人员准备和工具准备两方面内容。监测人员须进行培训,应熟练掌握现场监测技术,深入理解现场需要开展的工作及其在评价中的意义,面对复杂的现场情况时还要能进行分析判断和应变,开展科学合理的监测。

由于溢油污染监测往往具有应急的特点,因此监测中需要用到的各类工具、容器、记录表格、现场快速参考资料等应随时准备齐全,存放在工具箱中,监测出发前无须临时准备。

1.2　监测方案制订

监测工作须按照监测方案执行,因此,监测工作开展之前,监测方案制订是首要工作内容。监测方案包括监测站位布设、监测指标选择、监测时间频率设置三个基本要素。

事故发生后,首先搜集事故海域地理环境状况,如岸线形状、水深地形、岸滩类型等;搜集事故海域流场、风场等动力资料,了解事故前后风、海流、潮汐等基本状况;了解事故海域附近的养殖区、保护区、旅游度假区等基本状况;调查了解事故基本状况,了解溢油发生原因、规模、处置进展等信息。然后根据事故概况、动力资料和早期现场调查信息,对溢油漂移扩散进行预估,在此基础上,设定监测站位、监测指标和监测频率,完成监测方案的设计,实施现场监测。最后利用监测数据进行评价,评价结果反过来再用于对监测方案的完善和调整(图 1.1)。

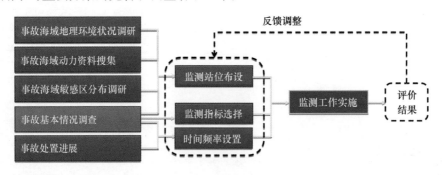

图 1.1　监测方案制订过程

1.3　现场监测实施

现场监测,包括从岸上监测和乘船监测。

监测内容包括:油膜分布监测、油指纹采样、海水监测、沉积物监测等。具体内容和方法将在第 4 章和第 5 章中介绍。

需要注意的是,现场情况可能复杂多变,对于有些情况本手册中可能无法找到具体的方法,此时,应将手册的内容作为基本的原则和参考,因地、因时、因事制宜,现场确定具体的工作方法。

1.4　污染评价

评价实际上就是对污染现象的总结性描述。根据现场监测获得的纷繁多样的信息和数据,进行总结归纳、提炼、数据转化获得结论性的描述语言。

这种描述可分为多个方面。从时间尺度上,包括一个时间点上的状态和一个时间序列上的趋势,即:当前的污染状态和从溢油前、到溢油期间、溢油后整个事件序列上的变化趋势。从空间尺度上,包括微观的污染程度和宏观的污染物扩散范围两个方面,即:污染物质在分子尺度上溶入环境介质(海水、沉积物)的程度和在空间上的污染范围(面积、深度)两个方面。

2 溢油监测评价的一般方法

2.1 需求的提出

监测工作服务于评价的目的,而评价服务于评价信息的需求方,因此为了做好监测评价,应首先了解监测评价的需求来自何方。

溢油事故发生后,来自以下 3 个方面的压力促使我们必须要开展溢油监测评价:

① 国家(管理部门);

② 利益相关者;

③ 社会公众。

作为管理部门,需要了解自己所管辖海域发生了何种环境灾害事故,对环境造成了何种影响,对相关的各行业会发生何种影响,后续如何治理污染消除损害,以及之后的较长时间内还会不会有潜在的影响。因此,作为管理者的海洋主管部门,环境保护部门会需要迫切了解溢油造成的影响和损害情况。

对于养殖业者、渔民、石油平台、船舶等利益相关者来说,或者要查明自己的损失,或者要分清责任,或者要证明自己的清白,都对溢油监测评价有着切实的需求。

而对于社会公众来说,在环境日益恶化、公众环保意识日渐增强,不愿意我们所生活的家园受到破坏,自然对溢油事故的影响情况有着强烈的了解意愿。

因此,对于溢油污染的监测评价,应时刻以这三种需求为出发点来安排监测工作和确定评价方向。

2.2 溢油监测评价的目的和内容

在前述需求之下,我们的监测工作应服务于以下具体目标:

(1)来源调查

来源调查有助于确定事故的责任方,对后续损害索赔、生态恢复具有直接帮助。现场监测中服务于来源调查的工作主要是油指纹样品的采集和分析鉴定。

（2）应急处置决策

现场监测中对溢油量状况、溢油分布状态、溢油漂移趋势分析和预测等信息的获取，将用于指导应急处置决策。

（3）生态环境影响评价

全方面了解生态环境受到的影响情况，包括受到影响的环境对象、影响范围、影响程度、持续时间等，是管理部门最关心的问题，在监测中应从这些方面着手。

（4）受损生态修复

对生态环境受损状况的全面而科学的评估，也是后续开展生态环境修复的重要依据。

（5）生态损害索赔

确定环境损害事实，评估环境损害价值，是开展环境损害索赔与诉讼等法律程序的重要依据。

根据上述目的分析，溢油监测可细化为以下几项内容：

① 调查溢油的来源、溢油量；

② 掌握溢油污染范围；

③ 掌握溢油对海水、沉积物、岸滩、生物体及生物群落的影响；

④ 掌握溢油对海洋功能区、生态敏感区的影响；

⑤ 跟踪溢油发展动向。

2.3 监测类型

溢油监测的规模不一，项目多种多样，为了便于认清评价工作的种类，特从分类上进行梳理。

2.3.1 按监测目标分类

2.3.1.1 一般性环境质量监测

为了掌握环境背景质量状况，或了解环境质量是否发生变化，或者为评价长期环境影响而开展的监测，通常监测项目较为广泛，监测方法采用通用性方法。一般性环境质量监测并不是针对溢油而开展的监测，但其数据可用于溢油影响评价，作为背景资料参与比较。

2.3.1.2 溢油应急监测

海洋溢油事件发现初期，为迅速了解溢油源、溢油类型、溢油量、溢油位置及溢油影响海域海洋环境污染范围和程度而开展的现场监测。溢油应急监测可提供第一手的污染现状信息，也可为制定下一步更详细更科学的监测计划提供基础资料。

2.3.1.3　污染跟踪监测

为掌握受污染海洋环境质量变化状况,掌握油污漂移、扩散、沉降、渗出等迁移过程而开展的持续性或回顾性监测。

跟踪监测又可分为两类:

① 小规模的,主要针对石油类污染分布,可每天监测或间隔两三天开展,可及时掌握油污发展变化状况;

② 大规模的,为了掌握生态环境整体状况及受损情况而开展,监测项目众多,周期较长,获取信息量大。

2.3.1.4　针对性监测

为针对特定目的,回答评价工作中特定问题而开展的专门性监测,例如溢油量监测、水体石油类存留量监测、特定功能区监测等。

针对性监测通常作为跟踪监测的一项内容开展。

2.3.2　按监测内容和规模分类

应急监测、小规模的污染跟踪监测可称为应急性监测。应急性监测中主要监测对象为海水水质和海面油膜,监测周期短,一般可当天出具监测评价结果。

大规模的污染跟踪监测、针对性监测可称为综合性监测。综合性监测的监测项目较为全面,工作周期较长。一般性海洋环境监测也属于综合性监测,但其来源于历史监测资料,故不在本手册中讨论。

2.4　监测工作原则

2.4.1　目的性原则

根据任务目的制定监测方案,确保监测结果达到预期目的,获取所需的信息。

2.4.2　时效性原则

溢油污染监测,尤其是应急监测,时效性尤其重要,应确保迅速到达监测现场,所采用的监测分析方法能确保在规定时间内出具结果。

2.4.3　可行性原则

确保监测手段在技术上的可行性,在人员、花费上的经济性。

2.5 监测的主要手段和方法

海水、沉积物监测主要通过船舶监测进行,主要工作内容包括海水样品采集、沉积物样品采集、油指纹样品采集、海面油污信息观测等。

2.5.1 海水样品采集

海水监测项目有多种,其中最主要的是石油类监测。按照海洋监测规范,海水石油类监测一般只采集表层样品。而溢油污染监测有其特殊性,采样层次不应局限于表层。

溢油入海后,一部分形成海面漂浮油膜,在风、浪、流等的作用下不断漂移;一部分溶解或分散悬浮到水体中。而由于原油中各种成分都具有疏水亲油的特性,不易溶于水,且密度小于海水,因此溶解或悬浮的部分所占比例极小。在传统的海洋环境监测评价中,一般是针对水体中溶解和悬浮部分进行监测和评价,采样深度为距海水表面1 m 的表层。海面油膜在风、浪、流等各种作用驱动下可发生快速的运动,而石油在水体中的溶解和分散悬浮过程相对缓慢得多,因此往往在许多油膜到达的区域,油膜来不及在水体中达到充分的溶解和分散悬浮,通过常规方法的监测结果可能仍然是比较清洁的水质,不能真实反映溢油污染情况。因此,对于溢油污染海洋环境影响评价,应当同时考虑水体中石油类浓度和海水表面油膜污染状况。进行海面油膜监测的一个重要手段是遥感监测,目前已广泛应用于溢油事故监测中。但遥感监测仍然有其局限性,其原因主要在于遥感图像的时间频度上的不足。由于只能在卫星过境时获得遥感数据,且卫星图像价格昂贵,因此,能够获得的数据非常有限,难以全面获知油膜的漂移轨迹和影响范围。为此,在溢油事故监测中可开展表面水石油类浓度监测。此处所说"表面水"即 0 m 层水体,在采样时将海表海水连同海面可能漂浮的油膜等物同时采得,从而监测海面油污分布范围。

海面溢油在波浪的破碎作用下以及在消油剂的分散作用下,有一部分分散悬浮到水体中,并逐渐沉降,从而影响到下层水体水质。传统的石油类监测只采集表层样品,无法反映出溢油在垂直方向上对水体的污染。因此,在溢油污染监测评价中还应视情况开展水体垂直石油类浓度监测评价,以全面掌握溢油对水体的污染状况。

2.5.2 沉积物样品采集

沉积物不同于海水,其不具有流动性,因此在短时间内石油类污染难以侵入到沉积物内部。在溢油发生后,溢油在消油剂或风浪作用下形成微小颗粒,吸附在悬浮物中,在风浪作用下运动到海底或自然沉降至海底,在沉积物表面形成一层极薄的高浓度石油类污染层,甚至形成油膜层。采样过程中,如果操作不当,对沉积物剧烈搅动,则会破坏该薄层,采集到表层与下层混合后的样品,其浓度被大大稀释,难以监测到真实的污染情况。因此,在进行沉积物采样时,最重要的一点就是避免扰动,如果能采集到肉眼可见油膜的样品,则可成为沉积物受石油污染的最直接证据。另外,获得高浓度石油污染样品,还可用于油指纹鉴定,作为确定该处污染与当次事故关联性的重要证据。

2.5.3 油指纹样品采集

油指纹鉴定结果本身对于环境影响评价没有直接关联,但仍然是溢油监测中的关键内容。对于无主漂油来说,油指纹鉴定结果是确定肇事源的最核心证据。对于已知溢油源的溢油来说,油指纹鉴定结果则可以确定溢油到达范围。举例来说,某次石油平台溢油事故发生后,在事故附近海域沿岸大范围的滩涂上都发现了溢油登岸情况,经油指纹鉴定发现,仅仅其中一部分岸线的溢油与该次事故油指纹一致,而其他溢油则是来自某些未被发现的小型溢油事件,或者是历史溢油的遗留,油指纹鉴定结果为确定此次溢油影响范围提供了关键的证据。

对于油指纹样品,在《海面溢油鉴别系统规范》(GB/T 21247—2007)中有全面而具体的要求,本手册中则根据实际情况给出了一些具有较强可操作性的实践方法。实际上对于油指纹样品采集来说,现场情况可能千差万别,有的时候在紧急情况下可能也不具备标准的采样器具,在此强调以下三点原则。

(1)避免沾污

采集油指纹样品要注意避免受到其他油品(如船上机械设备的润滑油)、不适宜的采样和储存容器的污染。

(2)信息完整准确

油指纹样品具有证据意义,因此应特别注意信息的完整性和准确性,包括采样人、采样地点、采样时间等。

(3)有胜于无

特殊情况下,不仅标准的采样要求无法满足,也许上述两条原则也不具备,此时在无法采集到其他符合要求的可替代样品的情况下,也应尽量采集。另外对于样品量,如果无法达到规范要求,那么只要能采集到目视可见的油污,也可接受。

2.5.4 海面油污观测

不同于前面三项内容,海面油膜观测的重点不在于样品采集,而是信息记录。对于油膜信息的观测记录,应努力达到以下两点目标。

① 记录足够完整而准确的信息,以满足评价的需求。这要求我们的现场监测人

员也应具备基本的评价能力,了解应进行评价的项目,以及如何进行评价,这样便能确保获取足够的现场监测信息。

② 对现场情形进行真实还原,使后方评价人员能够有身临其境的感觉,能够在脑海中形成现场的印象,以使评价人员在进行评价时可获得感性认识作为参考和指导,使评价过程更为顺畅,结果更能符合真实。

3　前期准备

为满足溢油污染监测工作的应急性特点,应随时做好前期准备,包括工具准备、人员准备。

人员准备即开展培训,使监测人员掌握现场监测技术,还要理解评价的目的、过程和方法。人员培训按本手册的内容开展即可,在此不再详述。本章主要介绍工具准备事宜。

工具可分为以下五类:

① 海水样品采集工具;

② 海水石油类萃取工具;

③ 海水石油类分析设备;

④ 沉积物样品采集工具;

⑤ 油指纹样品采集工具。

在应急状态下,海水石油类采集工具和油指纹样品采集工具为必备。某些情况下,需要现场分析石油类浓度,因此石油类分析设备也应常备。沉积物监测一般只在综合性监测中开展,可不按应急监测要求进行准备。

3.1　海水石油类采样工具

海水石油类采样工具包括表层采油器、样品瓶、固定剂、记录表格、记录本等。

样品量不大的情况下,出发前在样品瓶中加好固定剂(硫酸),也可不带固定剂,若样品量大,或需要长期连续在外监测,则必需带固定剂。

3.2　海水石油类萃取工具

若监测区域离实验室较远,当天无法回实验室处理的,应在现场进行样品萃取,此时需带上萃取工具开展监测。可准备一张工具检查表(见表3-1),出发前对照检查表清点采样、萃取所需工具是否齐备。

表 3-1   工具检查表——海水石油类样品采集、萃取

类别		序号	名称	确认
采样设备	必备	1	表层采油器	
		2	样品瓶	
		3	记录本、记录表格	
	可选	4	固定剂	
		5	中底层采样器	
萃取设备	必备	1	分液漏斗	
		2	分液漏斗架	
		3	比色管	
		4	比色管架	
		5	正己烷	
		6	25 mL 量筒(定量加液器)	
		7	1 000 mL 量筒	
		8	滤纸	
		9	一次性手套	
		10	记录本、记录表格	
	可选	11	铝箔	
		12	振荡器	
		13	水桶	

说明:① 出发前监测人员根据此表逐一检查所准备的物品是否齐全;

　　　② 每种物品的数量根据具体任务而定;

　　　③ "必备"物品均应准备,"可选"物品根据任务要求及实际情况而定;

　　　④ 检查确认已准备好的物品在"确认"栏中划"√"。

3.3   海水石油类分析工具

很多紧急情况下,样品无法当天送回实验室分析,而任务又要求及时出具监测结果,则需要携带分析设备到现场进行石油类分析。准备一张检查表,置于仪器箱中,出发前进行清点(见表 3-2)。

表 3 – 2　工具检查表——海水石油类样品分析

类别	序号	名称	确认
必备	1	紫外分光光度计	
	2	比色皿	
	3	正己烷	
	4	擦镜纸	
	5	接线板	
	6	废液瓶	
	7	记录表格、记录本	
	8	滤纸	
可选	9	容量瓶	
	10	比色管	
	11	油标准	
	12	定量加液枪(移液管)	

说明:① 出发前监测人员根据此表逐一检查所准备的物品是否齐全;

　　　② 每种物品的数量根据具体任务而定;

　　　③ "必备"物品均应准备,"可选"物品用于现场配制标准曲线;

　　　④ 检查确认已准备好的物品在"确认"栏中划"√"。

3.4　油指纹采样工具

　　油指纹样品采集往往具有更高的应急性要求,而且由于现场情况复杂,相应的工具也较为复杂多样。平时应将各种可能用到的工具准备齐全,放置于合适的工具箱中;应准备好多套溢油污染监测的成套工具,放在特制的工具箱中,且定期检查和补充,保证工具齐全,便于开展应急监测工作时可随时取用,节省准备工具的时间,保证在较短的时间内赶赴事故海域开展监测(见表 3 – 3)。

表 3-3　工具检查表——油指纹样品采集

类别	序号	名称	确认
必备	1	油指纹样品瓶	
	2	吸油膜	
	3	抄网头	
	4	抄网杆	
	5	镊子	
	6	夹子	
	7	玻璃棒	
	8	勺子	
	9	鱼线(或细绳)	
	10	剪刀	
	11	一次性手套	
可选	12	望远镜	
	13	聚乙烯袋	
	14	铝箔	
	15	擦手纸	
	16	太空豆	

说明:① 出发前监测人员根据此表逐一检查所准备的物品是否齐全;

② 每种物品的数量根据具体任务而定;

③ 检查确认已准备好的物品在"确认"栏中划"√"。

除鱼竿外,其余工具(包括样品瓶)均可集中装入一个应急工具箱中,便于使用。在遇到重大溢油事故时,可能需要采集的样品数量较多,则可将样品瓶单独装箱。图3.1 为工具箱设计示例。

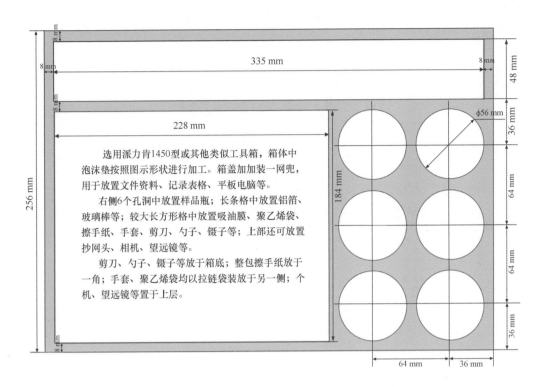

选用派力肯1450型或其他类似工具箱，箱体中泡沫垫按照图示形状进行加工。箱盖加加装一网兜，用于放置文件资料、记录表格、平板电脑等。

右侧6个孔洞中放置样品瓶；长条格中放置铝箔、玻璃棒等；较大长方形格中放置吸油膜、聚乙烯袋、擦手纸、手套、剪刀、勺子、镊子等；上部还可放置抄网头、相机、望远镜等。

剪刀、勺子、镊子等放于箱底；整包擦手纸放于一角；手套、聚乙烯袋均以拉链袋装放于另一侧；个机、望远镜等置于上层。

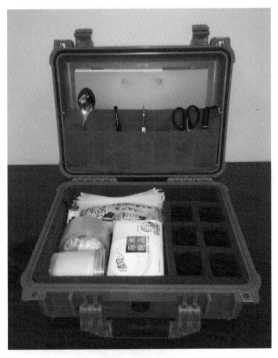

图 3.1　应急工具箱图示

4　监测方案设计

监测方案应分为综合方案和实施方案。综合方案应包括监测目的、监测区域、所需资料及要求,监测开始时间、结束时间和监测频率,质量控制和质量保证要求等。

实施方案是根据综合方案要求制订每一次监测的具体实施要求,包括具体的监测范围、监测项目、监测方法、监测时间。

监测方案应合理、可行,考虑周全,不能漏项等。

4.1　监测站位布设

4.1.1　站位布设原则

4.1.1.1　全面覆盖

站位布设应尽可能覆盖所有污染区域。在进行海水、沉积物监测时,尽可能通过现场监测确定污染边界。

4.1.1.2　关注溢油源

溢油源是污染的最初来源所在,可能污染较重,也可能是持续的污染来源,因此应当予以关注。

4.1.1.3　关注敏感目标

对于保护区、浴场、旅游度假区、重要渔业或养殖水域、重要生态系统等敏感目标应予以关注。

4.1.1.4　考虑动力因素

油污在海中受风、海流等动力作用而漂移扩散,因此在布站时应充分考虑动力作用对污染分布范围和发展趋势的影响。

4.1.1.5　与其他监测手段相互协同、印证补充

海上监测站位应与遥感监测、陆岸监测之间形成协同互补关系,对于其他监测手段不能达到的区域进行监测以弥补不足,对于通过其他手段发现的污染区域验证。

4.1.1.6　经济性要求

在满足获取所需信息情况下,考虑监测成本与人员工作强度,注重人力、物力的经

济性。

4.1.1.7 时效性要求

应急性监测中一般当天应出具监测评价结果;综合性监测也应注重监测周期。

4.1.2 海水监测站位布设

4.1.2.1 应急性监测

在应急监测期间,重点在于追踪污染范围,采样站位布设从以下几个方面考虑:

① 对于溢油点:在距溢油点尽可能近的位置设置至少一个采样点;

② 对于存在油膜分布:如发现零散分布的油膜,在工作量允许的前提下,在所有发现油膜的位置附近各设置一个采样点;

③ 发现大片油膜时,在油膜的边界处设置多个采样点;

④ 在油膜区域外围,目视海面清洁的区域,设置几个控制站点;

⑤ 对于未发现油膜的:

● 在油膜搜索情况下,沿搜索路径适当设站,总数控制在 10 个以内;

● 不进行油膜搜索,以溢油点为中心适当设站,总数控制在 10 个以内;

⑥ 现场分析石油类浓度数据,若发现石油类超出第一类、二类海水水质标准,则继续向污染区域以外设置站点,尽量获得符合第一类、二类海水水质标准的数据。

4.1.2.2 综合性监测

① 跟踪监测站位尽量从应急监测站位、历史监测站位中选取;

② 考虑动力因素,针对预估的可能污染范围进行设站;

③ 监测范围应覆盖全部的污染区域,并包含部分污染区域外的清洁区域;

④ 在溢油点附近及重要敏感区附近应布设站位;

⑤ 东西方向与南北方向、顺岸方向与垂直于岸线方向站位分布具有均衡性;

⑥ 站位数量不少于 9 个。

4.1.3 沉积物监测站位布设

沉积物监测一般只在综合性监测中开展,站位布设要求如下:

① 沉积物采样断面的设置应与水质断面一致;

② 沉积物采样点一般从水质采样点中选取,如沉积物采样点有障碍物影响采样可适当偏移;

③ 沉积物站位除溢油监测特殊要求外,一般按照水质站位数的 60% 布设;

④ 在溢油监测时,在局部地带有选择性地布设沉积物采样点,应以溢油污染源为中心,顺污染物扩散带按一定距离布设采样点;

⑤ 沉积物监测范围应覆盖溢油污染影响区域,控制点应根据污染扩散情况进行

动态布设;

⑥ 沉积物监测范围应包含没有受到本次溢油污染的参照点或参照断面。

4.1.4　油指纹采样

在多个油膜区,应尽可能对每一油膜区进行采样;对于大范围的油膜区,可在不同位置适当增加采样点。

由于油指纹分析耗时较长,而溢油应急工作中又注重时效性,因此油指纹样品采集应注意控制数量,每天采样控制在 10 个以内。

4.2　监测项目及分析方法

依据不同监测类型,选择不同的监测项目。不同监测类别监测项目选择如表4－1所示。

表4－1　不同监测类别监测项目选择

监测类别	监测对象	监测项目
应急性监测	海水、海面油膜	石油类、海面油膜
综合性监测	海水、海面油膜、沉积物	石油类、海面油膜、其他一般性水质和沉积物参数
针对性监测	根据监测目标而定	

海水水质和沉积物监测具体项目及分析方法分别如表4－2和表4－3所示。

表4－2　海水监测项目

序号	监测项目	分析方法
01	pH	《海洋调查规范 第4部分:海水化学要素调查》
02	DO	(GB/T 12763.8)
03	COD	
04	BOD	
05	石油类	《海洋监测规范 第4部分:海水分析》(GB 17378.5)
06	阴离子洗涤剂	
07	叶绿素 a	
08	溶解氧	
09	活性磷酸盐	《海洋监测规范 第4部分:海水分析》(GB 17378.5)或《海洋调查规范 第4部分:海水化学要素调查》
10	氨盐	
11	亚硝酸盐	(GB/T 12763.8)
12	硝酸盐	

表 4 – 3　沉积物监测项目

序号	监测项目	分析方法
13	多环芳烃	GB/T26411 – 2010 海水中 16 种多环芳烃的测定
01	油类	《海洋监测规范 第 5 部分:沉积物分析》(GB 17378.5)
02	硫化物	
03	有机碳	
04	氧化还原电位	
05	粒度分析	《海洋调查规范 第 8 部分:海洋地质地球物理调查》(GB/T 12763.8)
06	多环芳烃	《海洋监测技术规程 第 2 部分:沉积物 》(HY/T 147.2 – 2013)
07	石油降解菌	油平板计数法,暂无国标

4.3　采样层次

4.3.1　海水

　　没有特殊要求时,海水石油类可只采集表层样品,在使用消油剂的情况下,应按照海洋监测规范规定的标准采样层次分层采样,标准层次如表 4 – 4。

表 4 – 4　海水标准采样层次

水深范围	标准层次	底层与相邻标准层最小距离/m
小于 10 m	表层	
10 ~ 25 m	表层,底层	
25 ~ 50 m	表层,10 m,底层	
50 ~ 100 m	表层,10 m,50 m,底层	5
100 m 以上	表层,10 m,50 m,以下水层酌情加层,底层	10

注:1. 表层系指海面以下 0.1 ~ 1 m;

　　2. 底层,对河口及港湾海域最好取离海底 2 m 的水层,深海或大风浪时可酌情增大离底层的距离。

　　为详细掌握污染物在水体中的垂直分布,或估算水体中污染物增量,须进行分层采样,采样层次可进一步加密。

　　为掌握海水表面石油污染的分布和扩散情况,可采集表面(0 m)海水样品进行石油类分析;多环芳烃一般只采集表层样品;其他监测项目采样层次按表 4 – 4 的标准层次执行。

4.3.2　沉积物

一般采集表层沉积物样品。若为了精确测定不同沉积深度石油烃浓度,了解多年沉积物石油烃背景污染,可采集柱状样。

4.4　溢油监测时间与频率

4.4.1　应急性监测

由于溢油监测的应急特点,应急监测应在发现溢油后第一时间立即开展。

根据监测结果,确定是否启动应急性跟踪监测。若启动,在初期应保持高密度监测,以密切关注油污发展动向,监测频率为 1 次/d。在后期,溢油的影响状况及变化情况已基本掌握,在保证获取必要信息前提下可降低频率,节约监测成本。

4.4.2　综合性监测

在溢油持续期间,综合性跟踪监测可每月开展 1 次。具体也可根据溢油规模、持续时间长短、评价工作要求而调整。

对于大型溢油事故,在溢油事件处置完成后应开展连续多年跟踪监测。事故后第 1 年度,监测工作可开展 2~4 次。在后续年份,每年可开展 1~2 次监测。根据跟踪监测评价,若发现溢油影响逐渐减小,可适当降低监测频率。若连续几年已监测不到溢油污染状况,可终止综合型跟踪监测。

5　监测实施

现场监测应注意以下事项:

① 现场监测工作实施之前应查明气象和海况,以确保海上工作顺利开展;

② 做好质量控制工作,确保监测项目完整、监测数据准确、可靠;

③ 除对海水、沉积物、海面油污等监测目标进行监测外,对于所在海域自然地理属性(海湾、河口、开阔海域等)、所在海域使用功能、天气、海况等信息也应详尽记录。

5.1　海面油膜监测

海面油膜监测的工作内容包括:

① 海面油膜的发现和判断;

② 油膜的信息观察和记录,包括油膜分布形态观察、描述和油膜分布的面积、厚度等定量信息估测;

③ 油指纹样品采集。

5.1.1　海面油膜的发现和判断

5.1.1.1　油膜的搜寻和追踪

在溢油初发,还没有海面油膜的监测结果时,可以溢油点为中心,向外沿螺旋形路线航行,同时考虑海面风向和流向,向主风向和主流向方向偏移。

对于之前已经监测到油膜存在的,根据上一次监测到的油膜位置、海面风向风力、海流流速流向,以及数值模拟预测结果,推测油膜可能出现的方位,设置航线。可沿油膜预测漂移方向按"S"形线路航行(见图5-1)。

若无数值模拟结果,可根据监测结果、现场风向、风速、流向、流速,可粗略估计油膜可能的漂移轨迹。海面油膜主要受海流和风的作用而漂移,在不考虑风的情况下,认为油膜运动轨迹与海流完全一致;在只考虑风不考虑海流的情况下,经验认为,油膜运动与风向同向,但运动速率为风速的3%。因此,在风和海流共同作用下,海面油膜的运动轨迹为海流向量与3%风向量的合成,见图5-2所示。

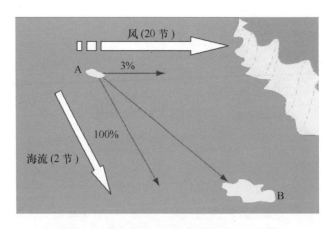

图 5 - 1　根据风和流推测溢油漂移方向

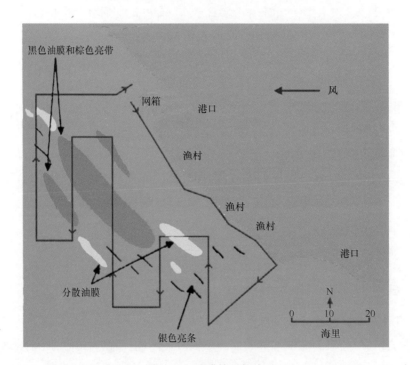

图 5 - 2　油膜搜寻航线

5.1.1.2　油膜(油污颗粒)的判断

若海面出现厚度均匀、表面平滑,且在阳光映照下有光泽的污染物,且该污染物仅仅漂浮在海水表面,与海水不发生混合时,可基本判定为油膜。若使用工具从海面粘取污染物近距离查看,观察其光泽度,嗅闻其气味,可进一步确认。

海面油污有时以颗粒状态存在,若颗粒周围可见油膜,则可基本判定为油污颗粒。若使用工具从海面采集污染物近距离查看,观察其光泽度、黏度,嗅闻其气味,可进一步确认。

5.1.2 油膜(油污颗粒)的信息观测和记录

5.1.2.1 信息观测记录的内容和方法

(1)经纬度

在油膜发现位置,若油膜长度在200 m以下时,船舶驶入油膜区,记录下该点经纬度;若油膜长度在200~2 000 m时,应至少记录油膜两端两个点的经纬度;若油膜长度在2 000 m以上时,应沿油膜边缘行驶,记录至少3个点的拐点经纬度。

(2)油膜形状、大小

观测并记录海面油污分布形状,是呈条带状,还是呈斑块状,估测长度、宽度等情况。

(3)油膜面积

油膜分布面积估算。对于较小的油膜,以船长为参照,估测油膜带长度、宽度、直径等,估算出油膜面积;对于较大的油膜,从油膜一端匀速行驶至另一端,根据船速估测其长度、宽度,估算出油膜面积;对于面积很大的油膜,沿油膜边缘行驶,记录其主要拐点坐标,根据坐标进行估测

(4)油膜颜色

油膜观测并记录油膜颜色。按"银白色、灰色、彩虹色、蓝色、褐色、蓝褐色、黑褐、黑色、橘黄色、巧克力色"等颜色进行描述(如图5-3)。大致记录观测范围内各种颜色油膜的比例。

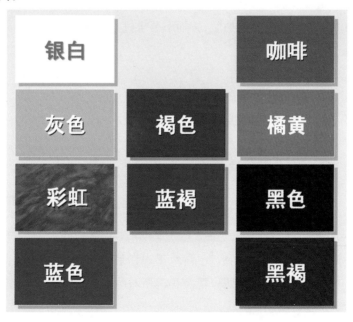

图5-3 油膜颜色

（5）覆盖率

估算油膜区内油膜覆盖率，不同形状油膜大致覆盖率如图 5-4 所示。

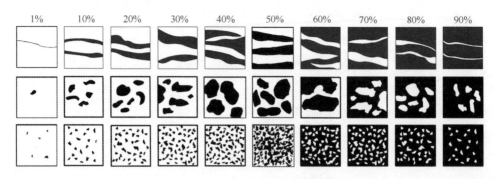

图 5-4　油膜大致覆盖率

（6）油膜厚度

有条件的情况下可估测。

（7）油污颗粒粒径

采用估测方法，单位为 cm。如可能，可用抄网、水桶等工具采集油污颗粒，用尺子测量其粒径。

（8）油污颗粒分布密度

采用估测方法，单位为个/m²。

（9）拍照

如果有条件应尽量进行现场拍照，按如下要求进行：

① 要拍摄出油污区的全貌；

② 对重点区域要有特写；

③ 若周边存在船舶、平台等参照物，应包含在照片内；

④ 若使用手持式 GPS，可直接将显示经纬度的 GPS 连同油污背景拍下。

5.1.2.2　记录表格格式

按表 5-1 所示进行信息填写。

5.1.2.3　草图记录法

若要更直观地描述现场状况，还可绘制油污分布草图见图 5-5 所示。在草图中，首先应绘制并标记出主要参照物，如码头、岸滩、船舶等，并标注方向；然后再画出油膜分布区域，不同颜色油膜用不同图形表示；对于现场采集水样、油指纹样品的位置也应标出；若现场拍照，还可标注出拍照位置及相机所对的方向。图 5-5 为某港口码头附近溢油监测所绘制的草图。

5.1.2.4　海面油膜的遥感监测

上述规定了海面油膜的现场观测和记录方法。在条件具备情况下，还应尽量采用遥感方式进行监测,包括卫星遥感、航空遥感、船载(平台)雷达监测等多种手段。这些监测技术专业性较强,一般由专业人员将遥感信息解译后得到更直观的图像和数据信息。对于环境监测评价人员来说,只需要利用这些信息进行进一步分析评价即可。

表 5-1 油污信息记录表

任务名称							
油污区域编号			监测时间			记录人	
		经纬度	分布形状		□条带状 □块状		
□油污颗粒	1		长度/m				
	2		宽度/m				
	3		面积/m²				
	4		粒径/cm				
	5		分布密度/(个/m²)				
						颜色	比例
	1				油膜颜色	银白色	
	2					灰色	
	3					彩虹色	
	4					蓝色	
	5					褐色	
□油膜	分布形状	□长带状 □块状 □零星分布				蓝褐色	
	长度/m					黑褐	
	宽度/m					黑色	
	面积/m²					橘黄色	
	覆盖率/%					巧克力色	
	油膜形状简图						

5.1.3 油指纹样品采集

海面油污形态各异,有漂浮油块、零散油污颗粒、较厚的油层、较薄的油膜等几种形式。针对不同形态的油污,采样方法也有多种,包括抄网捞取、聚乙烯袋捞取、吸油膜吸附、油水混合物采集等多种方法。

5.1.3.1 具一定厚度的油膜、颗粒

(1)方法 1:聚乙烯袋抄网采集

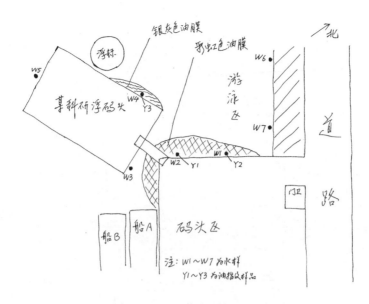

图 5 - 5　油污信息观察记录草图

适用条件:船上采样,船舷距水面有一定高度。

采样工具:可伸缩抄网杆、可折叠抄网圈、聚乙烯袋、夹子、剪刀。

工具准备:取一个保鲜袋,将下部两个角剪出小洞。将保鲜袋用夹子固定到网圈上,将网圈安装到抄网杆上。

采样:将抄网杆伸出,将抄网伸至水面捞取油污,海水从小洞流出,取下聚乙烯袋,将油污挤入样品瓶中。若油污太少,可同聚乙烯袋一同装入,见图5-6所示。

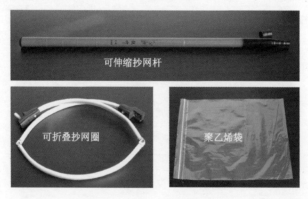

图 5 - 6　聚乙烯袋抄网采集

(2)方法2:铝箔抄网采集

采样方法与聚乙烯袋法类似,将聚乙烯袋换成铝箔即可。取一块铝箔,将其包在网圈上,制成网兜状,边缘用夹子加固,在铝箔网兜上扎出多个小孔便于水流通过,如图5-7所示。

图5-7　铝箔抄网采集

（3）方法3：铝箔杯采集

适用条件：小艇采样，或从岸边采样，手能接触水面。

采样工具：铝箔。

工具准备：取一块铝箔，将其包在样品瓶上，制成杯状，在杯底捅一小洞。

采样：用铝箔杯直接从水面取样，海水从小洞流出，将油污挤入样品瓶中。若油污太少，可同铝箔一同装入。

5.1.3.2　油指纹样品采集——薄油膜

（1）方法1：吸附法（如图5-8）

工具：乙烯-四氟乙烯共聚物网纱、鱼竿、鱼线（或细绳）、太空豆、夹子、镊子、针管。

出海前工具准备：将鱼线一端穿入太空豆，形成一个活扣。在太空豆后面打一个结，防止太空豆滑出，在线头上再打一个结。鱼线另一端按同样方法处理。处理好的鱼线绕在线轴上备用。

将鱼竿杆稍处的软绳打一个结。

吸油膜裁成5 cm宽长条，每隔40 cm剪一小口，将吸油膜卷成柱状。

将高约8 cm直口塑料瓶瓶身一侧切割出一道竖直缝隙，将吸油膜放入瓶中，吸油膜一端从缝隙中抽出，留在瓶外。

采样前准备：将吸油膜从瓶中抽出，从剪口处撕下，夹在夹子上，将夹子套入鱼线的活扣中，收紧太空豆。

将鱼线另一端活扣套入鱼竿杆稍，收紧太空豆。

采样:手持鱼竿,将吸油膜放入水面,在油膜上来回拖动,吸附足够多油污后,将其收起,取下吸油膜,卷成细柱状,塞入针管中。

补充说明:若无专用吸油膜,可用聚四氟乙烯膜、聚乙烯膜、脱脂棉等物品替代。

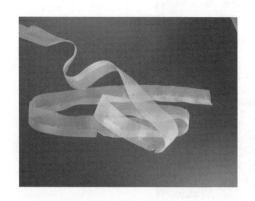
吸油膜准备:制成长条

吸油膜准备:卷成柱状

吸油膜准备:装入瓶中

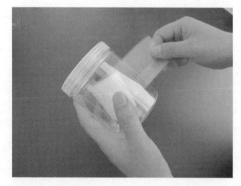
吸油膜准备:抽出一端

吸油膜使用:抽出

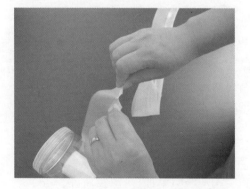
吸油膜使用:撕下

图5-8　油指纹样品采样方法(一)

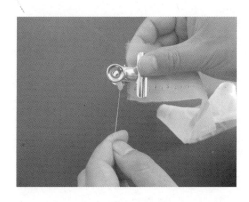
吸油膜使用:夹子固定

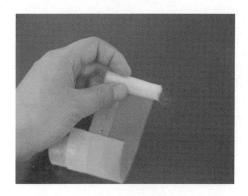
采样完毕:卷成柱状

样品采集

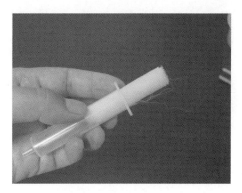
采样完毕:装入针管

图 5-8 油指纹样品采样方法(二)

(2)方法 2:油水混合物采集法

若上述吸附法难以实现,可采集油水混合物。

用小桶采集表层水样,盛入玻璃瓶内。或用玻璃瓶直接从水面采集。

(3)方法 3:定量油膜采集法

取抄网圈,取适当大小的网纱围在网圈上,用夹子夹住形成网兜,用线绳将网兜吊起,使网圈水平,从无油膜处放入水中,移至油膜处,轻轻提起,取下网纱放入样品瓶中。样品全量洗脱后,通过重量法或光度法测定石油烃含量,据此可估测海面油膜厚度、溢油量。

5.1.3.3　记录格式

按照表 5-2 所示进行采样信息填写。

每个样品瓶应贴上专门的样品标签,见图 5-9 所示。样品标签可预先加工成不干胶贴,便于使用。

表 5 - 2　溢油样品记录表

任务名称：_____　采样日期：_____年___月___日 至 _____年___月___日　　　第__ 共__页

序号	样品编号	采样时间	采样地点	采样坐标		样品状态描述
				经度	纬度	
1						
2						
3						
4						
5						
6						
7						
8						
9						
10						
备注 （采样现场情况描述）						

采样人：_____　证明人：_____

样品编号：_____　采样时间：_____

采样地点：_____

经度：_____　纬度：_____

样品状态：_____

采样人：_____　证明人：_____

图 5 - 9　样品瓶标签

5.2　海水样品采集

海水监测项目较多,在此对石油类样品采集进行介绍,其他项目的样品采集按照一般海洋环境监测的要求执行即可。

5.2.1　表面海水石油类

表面海水石油类样品采集可采用锥形瓶采样法进行。

工具:采样绳(4 mm)、细线绳、具塞锥形瓶(250 mL 或 500 mL)。

操作方法:采样绳一端连接细线绳,将细线绳末端系住具塞锥形瓶瓶口,放至海面,使锥形瓶自由浮于海面上,瓶口开始注入海水,至海水将满时,锥形瓶在重力作用下自然竖直,此时将锥形瓶提至船上,解下线绳,加入 1 + 3 硫酸 5 mL,盖上瓶塞,装入样品箱。采样过程如图 5 - 10 所示。

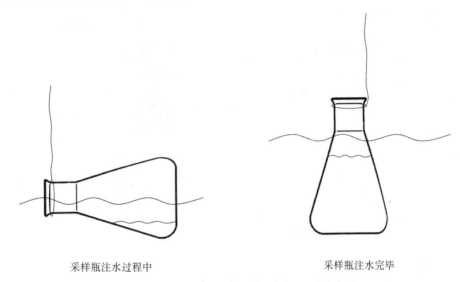

采样瓶注水过程中   采样瓶注水完毕

图 5 - 10　表面海水采样

5.2.2　表层海水石油类

表层海水石油类采集是海洋环境监测中石油类样品采集的一般方法,采用表层采油器进行样品采集。

采样瓶安装在可以开启的不锈钢做成的固定架里,钢架以固定长度的尼龙绳与浮球连接,采样器见图 5 - 11 所示。

采样前,将采样瓶放入采样器,固定上盖,将浮球下方的插口插入弹簧钩,将释放销插入插口中的孔中进行固定,释放销上连接采样提绳,提绳穿过浮球外的小孔,与浮球上方的提绳一同握于采样者手中。

采样时,手提浮球上的提绳将采样器放入水中,待采样器入水后,拉动采样提绳使释放销脱出,采样瓶组件下沉,瓶塞上弹簧在拉力作用下收缩,使瓶塞打开,注入海水。海水注入完毕后,手提采样提绳将采样器提起,瓶塞在弹簧作用下盖住采样瓶。

5.2.3　中底层海水石油类

中底层海水石油类样品可选择专用中底层海水石油类采样器进行样品采集,应对采样器对海水石油类的沾污、吸附性能、采样器操作易用性进行考察,选择合适的采样设备,按照设备操作说明进行样品采集,如图 5 - 12 所示。

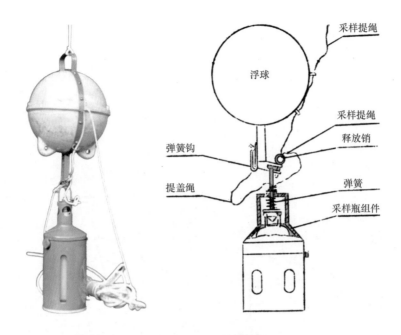

图 5 – 11　表层采油器

电磁阀式

弹力式　　　　　　　　重力活塞式

图 5 – 12　几种国产中底层海水石油类采样器

若无专用采样器,可按图 5 – 13 所示自行加工简易采样器。

采样时,将样品瓶放入样品瓶框内,盖上瓶塞,手提提绳将采样器放入预定深度,拉动采样绳使瓶塞打开,将海水注入,注满后放松采样绳,通过提绳将采样器提出海面,取下样品瓶。

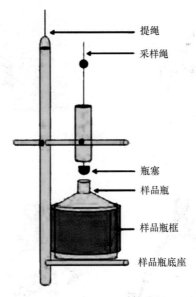

图 5 – 13　简易中底层采油器示意

5.2.4　采样信息记录

样品应贴好标签,详细采样信息应在采样登记表中进行记录,包括:任务名称、采样区域、站位、日期、时间、样品编号、采样人等信息。

5.3　沉积物样品采集

5.3.1　表层沉积物采样

5.3.1.1　工具

抓斗采泥器(蚌式采泥器)或箱式采泥器(如图 5 – 14)。前者采样量较少,适用的底质类型粒度范围较大,黏土 – 细砾石均可使用,缺点是采集到的沉积物样品易受扰动,破坏沉积物的完整性;后者采样量较大,且能够确保样品受到最小限度的扰动,目前有两种箱式采泥器,一种结构简单,重量较轻,但稳定性较差,易受到粗粒底质和水流的干扰无法闭合,仅适用于黏土和淤泥底质样品的采集;另外一种结构复杂,不易操作,适用的底质类型粒度范围较大,黏土 – 砂均可使用。

可根据需要选取合适的采样器。

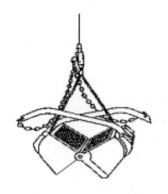

图 5 - 14 抓斗采泥器

左:示意图 右:国产曙光一号采泥器

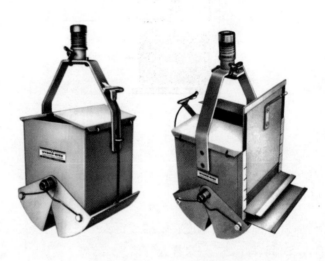

图 5 - 15 箱式采泥器一

左:德国 HYDRO - BIOS 公司生产的 Ekman - Bridge 采泥器 右:Ekman - Bridge 分层采泥器

5.3.1.2 操作方法

将采样器慢速、常速(约 0.3 m/s)下放,避免过早触动打开抓斗/箱体。碰到海床,抓斗/箱体立即被触动打开,慢慢提起采样器,使其恢复闭合状。抓斗/箱体离开水面前,应避开海水表层的油污,见图 5 - 15 所示。

在托盘或塑料板上打开抓斗/箱体(但不能倒空),将上覆水缓慢倾出或引流排干,注意不能扰动抓斗/箱体内的沉积物。使用干净的抹刀或铲子从抓斗/箱体的中央位置采集沉积物样品,置于干净的广口瓶,加盖密封;或使用干净的铝箔纸包裹样品,并置于聚乙烯封口袋中,如图 5 - 16 所示。

在海水中清洗采样器,挂起沥水。

图 5 - 16 箱式采泥器二

左:示意图 右:国产箱式沉积物采样器

5.3.1.3 注意事项

(1)含有明显油污或生物残体的样品需拍照记录。

(2)海草或藻类等残体应该从沉积物中分离出来,并且做好记录。在某些情况下(如:海草和藻类残体上有残油的情况),也可能需要分析这些海草和藻类物质。

(3)样品应尽量充满广口瓶,以避免与空气组分发生反应或石油烃轻组分发生蒸发或挥发。

(4)微生物样品应置于无菌容器中。

5.3.2 柱状沉积物样品采集

5.3.2.1 工具

柱状采样器。常用种类主要有重力柱状采泥器、重力活塞柱状采泥器、振动活塞柱状采泥器和自动回返式采泥器等。近海海域沉积物柱状样采集通常使用重力柱状采泥器,如图 5 - 17 所示为丹麦 KC - Denmark 公司生产的"13520"小型沉积物重力柱状采样器。

5.3.2.2 操作方法

将采样器缓慢放入海水中,避免绞拧。在距离海底 5 ~ 6 m 左右,让采样器自由落体,慢慢收紧提升采样器(速度 < 0.3 m/s),确保采样器不要碰触船身,使采样器的柱子始终保持垂直,提到船舷外后立刻用配套的塞子将末端开口处关闭。取下柱子,贴好标签,标记:采样日期、时间、区域、站位、水深、描述、沉积物柱状样的长度等,因为样品在运输过程中可能下陷。

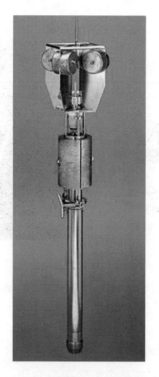

图 5 – 17　重力柱状采泥器

型号:13520　生产商:丹麦 KC – Denmark 公司

5.3.2.3　注意事项

(1)柱子的顶盖和底盖上应有明确标识,不应混用。

(2)柱子上应贴防水标签。

(3)柱状采样器应直立存放。

5.3.3　采样信息记录及样品保存

5.3.3.1　信息记录

样品应贴好标签,详细采样信息应在采样登记表中进行记录,包括:任务名称、采样区域、站位、日期、时间、样品编号、采样人等信息。

现场观察样品状态,如发现可见油污或受损生物,应予以详细记录。

5.3.3.2　样品保存要求

沉积物样品需要在不高于4℃冷藏或冷冻保存。如在化学分析前样品需要过夜甚至保存更长时间,则样品需保存在有合适容器(如冰箱)和合适条件的房间内。该房间要有专门的负责人,来确保样品的储存。该房间只有授权人能够进入,样品的进出需要做相应纪录(样品编号、送样人、取样人、日期、时间等)。

保存样品的地点必须在保存前后保持干净,且为非吸烟区。远离燃烧设施、排气装置等碳氢化合物的污染源。

在必要情况下,样品瓶(容器)可以用封条(胶带、塑料锁扣)封口,甚至用带锁容器进行样品的保存。

5.3.3.3　防止沾污要求

为了防止采样及样品处理过程中发生的交叉污染,重复使用的采样、储存设备容器需要进行彻底清洗。

(1)金属和塑料设备在使用前后要进行防污处理,木质材料为一次性使用。

(2)设备的现场清洗的常用方法有:

① 清洗或者擦拭明显沾污;

② 用亚甲基氯清洗;

③ 用丙酮或己烷清洗;

④ 用去离子水清洗;

⑤ 用过的清洗试剂保存在安全且有明显表示的容器中。

注意事项:在设备清洗时最好选取与实验室提取碳氢化合物所用试剂相同的试剂。

6 海水、沉积物溢油污染影响评价

6.1 概述

什么是评价?

广义来说,为了使没有见过污染现场、未参与监测工作的人了解环境的污染状态,对污染的监测结果的客观描述,就是评价。

狭义地说,是利用监测数据,按照规定数据处理、转化方法,得到合乎规范的环境污染状况的表达结果。

在应急监测、日常跟踪监测工作中,为了管理需求,一般需要每天上报监测评价结果,此时的评价,就是对监测结果的简单描述,不需要进行复杂的数学处理。日常监测评价报告中,一般包括这几部分内容:① 监测工作概况。什么时候,哪个机构,采用何种方式,开展了多大量的监测,监测内容是什么。② 现场监测信息。是否发现油膜或其他异常现象。若有油膜,油膜的长度、宽度、面积及经纬度是多少,采集了什么样品。③ 样品分析结果。海水石油类浓度是否超标?

在综合性监测评价报告中,需要评价的内容较为全面深入。总的来说,需要评价的内容有两个方面:① 当前的污染状态。② 从事故前、事故期间、事故后整个时间序列上的变化趋势。

对于海水污染评价,评价当前污染状态,可以用海水水质状况、海水污染范围来表达。海水水质状况包括与海水水质标准相比是否超标(单因子法评价)以及与背景数据相比是否有明显升高。海水污染范围又包括超过二类水质范围、超四类水质范围、溶解态石油类污染范围、海面油膜分布范围、综合污染范围、单日污染范围、累积污染范围等多个概念。需要根据监测数据,尽可能全面地进行表达。评价时间变化趋势时,评价当前污染状态中的各个指标均可以进行趋势描述,但没有必要评价太多,应选择易于表达清楚的、能够清楚说明污染变化趋势的指标进行描述。除了平面的污染范围,有时还需要评价立体的受污染体积,这对于环境损害价值评估来说比较重要。

对于沉积物评价,与海水类似,但由于沉积物监测难度高于海水,因此在数据的空间、时间分布上及数据种类均低于海水,评价内容一般比海水简略。又由于沉积物性质的稳定性,在污染后短时间内不易发生较大变化,因此对于沉积物评价一般不注重趋势评价。

以上重点在于针对环境状况进行评价。除此之外,还有针对污染物本身的评价,比如估算海面溢油量,估算进入到海水、沉积物中的石油总量等。

6.2 单项评价方法

6.2.1 海水水质评价

海水水质评价即是对海水水质状况进行定性描述,为此,需要一个参照标准拿来作为比较。有两种数据可作为参考。

第一种就是海水水质标准,可以直接与标准值进行比较,描述为"……符合第*类海水水质标准"或"……超出第*类海水水质标准"。也可以采用单因子评价法,将实测值与标准值进行计算,得到标准指数值,通过指数大小判断污染状况。

第二种是历史监测结果,即背景数据。将监测结果与背景值相比较,判断事故后是否发生明显变化。

6.2.1.1 比较评价法

比较评价法即通过比较海水指标现状值与背景值之间的升高或降低情况来描述海洋环境质量的变化。

采用比较评价法,首先要确定发生的变化与污染存在高度的关联性,即监测的污染物质(或理化参数)可能直接来源于溢油污染、污染处置过程,或者由这些过程所导致。

在比较评价中应注重背景值得选取。应选取相同监测区域内、同一季节、接近的历史年份监测数据作为背景值。背景值可选取多年平均值,也可选取单次监测结果。背景值的选取不可带有主观倾向性,若有多个背景值可供选取,应全部列出并说明最终选择的理由。

6.2.1.2 单因子评价

对单站位某一项水质参数进行评价时,若《海水水质标准》(GB 3097—1997)规定了该水质参数的标准限值(表6-1),可进行单因子评价。

(1)单因子评价一般计算如式(6.1):

$$I_i = C_i/S_i \tag{6.1}$$

式中:I_i——i 项污染物的标准指数;

C_i——i 项污染物的实测浓度(平均值);

S_i——i 项污染物评价标准。

(2)对水中溶解氧(DO)、pH,则分别用式(6.2)和式(6.3)计算:

$$I_i(DO) = |DO_f - DO|/(DO_f - DO_s), DO \geqslant DO_s$$

$$I_i(DO) = 10 - 9DO/DO_s, DO < DO_s \qquad (6.2)$$

式中：DO_f——现场水温及氯度条件下，水样中氧的饱和浓度，mg/L；

$DO_f = 468/(31.6 + T)$，T 为水温，℃；

DO_s——溶解氧标准值。

pH 也有其特殊性，它的标准值为 7.8~8.5，因此我们取上下限的平均值 8.15，计算式为：

$$IpH_i = |C_i - 8.15| / C_上 - 8.15 \qquad (6.3)$$

式中：IpH_i——pH 值的污染指数；

$C_上$——pH 评价标准上限值；

C_i——pH 的实测值。

表 6-1　海水中主要参数标准值表　　　　　　　　　单位：mg/L

参数	第一类	第二类	第三类	第四类
pH	7.8~8.5，同时不超出该海域正常变动范围 0.2 pH		6.8~8.8 同时不超出该海域正常变动范围 0.5 pH	
DO >	6	5	4	3
COD ≤	2	3	4	5
BOD$_5$ ≤	1	3	4	5
无机氮（以 N 计）≤	0.2	0.3	0.4	0.5
活性磷酸盐（以 P 计）≤	0.015	0.03		0.045
硫化物（以 S 计）	0.02	0.05	0.10	· 0.20
挥发酚	0.005	0.010		0.050
油类 ≤	0.05		0.3	0.5
苯并[a]芘/（μg/L）	0.002 5			
阴离子表面活性剂（LAS）	0.03	0.10		
漂浮物质	海面不得出现油膜、浮沫和其他漂浮物质			海面无明显油膜、浮沫和其他漂浮物质
色、臭、味	海水不得有异色、异臭、异味			海水不得有令人厌恶和感到不快的色、臭、味
悬浮物 ≤	人为增加量 ≤10		人为增加量 ≤100	人为增加量 ≤150

6.2.1.3 多环芳烃的毒性当量浓度法评价

我国海水水质标准中给出海水中苯并[a]芘的浓度标准限值为 2.5 ng/L。采用目前国际上通用的毒性当量浓度 TEQ(Toxic Equivalency Quotient)法对海水中多环芳烃总量进行评价,PAHs 各种单体相对于 BaP 的毒性当量因子,按其大小顺序列于表 6–2中。

表 6–2 各种 PAHs 单体的毒性当量因子(相对于苯并[a]芘)

化合物	毒性当量因子(TEF)
二苯并[a,h]蒽	5
苯并[α]芘	1
苯并[α]蒽	0.1
苯并[β]荧蒽	0.1
苯并[k]荧蒽	0.1
茚并[1,2,3−cd]芘	0.1
蒽	0.01
屈	0.01
苯并[g,h,i]苝	0.01
二氢苊	0.001
苊	0.001
荧蒽	0.001
芴	0.001
菲	0.001
芘	0.001
萘	0.001

通过测定每种 PAH 单体的浓度,再根据各自的毒性当量因子,用如下方程计算 PAHs 的毒性当量浓度 PEC,再与海水水质标准中 BaP 的浓度限值进行比较评价。

$$TEQ = \sum_i (RP_i \times C_i) \tag{6.4}$$

式中:RP_i——第 i 个 PAH 单体的毒性当量因子;

C_i——第 i 个 PAH 单体的实测浓度或含量。

6.2.2 海水水体污染范围评价

6.2.2.1 污染的判定

海水水体污染范围评价是要给出污染物在平面上的扩散边界、面积。因此首先需要明确的概念就是:何为污染? 怎么判定污染? 与海水质量评价一样,判定污染也需要与水质标准或背景值相比较。以下几种情况均可判定为海水受到污染:

(1)当某监测要素超过某一标准等级的标准限值,即采用该标准限值计算得到的污染指数大于1时,则海水水质劣于该等级。

(2)当某监测要素明显超过背景值时,则海水受到污染影响。

(3)当一个监测站位上任意一项监测指标超标,则该站水质超标;当一个监测站位上任意一项监测指标超过背景值,则该站水质受到污染影响。

(4)当水质超标,同时超过背景值,海水受到污染。

(5)当水质超标,且无背景值参考时,海水受到污染。

6.2.2.2 污染范围的概念分类

根据污染的判定标准,结合海水水质标准的规定,污染范围可包含如下概念:

(1)海水水体溶解态石油类超背景值范围。

(2)海水水体溶解态石油类超二类水质标准范围。

(3)海水水体溶解态石油类超三类水质标准范围。

(4)海水水体溶解态石油类超四类水质标准范围。

(5)海面油膜分布范围。

(6)单次监测污染范围。

(7)多次连续监测累积污染范围。

(8)海水水体溶解态石油类与海面油膜综合污染范围。

在评价的时候,应根据污染情况,选择几个关键的指标进行重点阐述,如海水水体溶解态石油类超二类水质标准范围;海水水体溶解态石油类超四类水质标准范围;海面油膜分布范围、海水水体溶解态石油类与海面油膜综合污染范围等。

6.2.2.3 海水水体溶解态污染物污染范围确定方法

根据海水水体中溶解态污染物(如石油类)浓度扩散范围确定污染范围,一般采用插值计算的方法获得范围。若受站位布设限制,难以进行合理插值,也可采用如根据监测结果直接圈定污染范围等方法。

(1)根据监测结果直接圈定

某一站点,其任意一层次(包括表面、表层以及中底层)海水中石油类浓度超过50 mg/L时,则认为该站点受到石油类污染。

某一监测区域内,所有监测站点受到石油类污染,则最外沿监测站点连线之内的区域全部受到石油类污染,连线外侧区域不做判定。

(2)数值网格化

采用同一时段的监测站位(不少于 10 个),采用克里格算法进行插值计算,得到海水中污染要素高于选定的标准值(或背景值)的范围边界,对于自动运算结果无法获得封闭边界的,可进行专家修正。

(3)孤立点浓度扩散法

数据较少不支持进行插值计算,且难以自动计算得到污染外边界时,可采用此方法。

在几个监测站点中,某一个点超标,其附近的站点不超标,假定超标点为污染点源,不考虑风、海流等因素,认为石油类污染从超标点向清洁点均匀扩散,其浓度变化梯度与距离平方成反比。计算出浓度变化至 50 mg/L 处距超标点的距离,以此距离为半径,以超标点为圆心的范围即为超标范围。

如图 6 – 1 所示,超标点浓度为 C_p,清洁点浓度为 C_c,超标点距 50 mg/L 处距离为 R,超标点与清洁点距离为 D,则有如下关系:

$$\frac{(D - R)^2}{D^2} = \frac{50 - C_c}{C_p - 50} \tag{6.5}$$

式(6.5)中仅 D 为未知项,解方程可得 D。

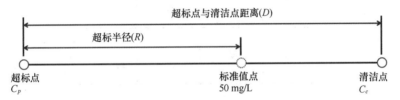

图 6 – 1　孤立点浓度扩散法示意图

(4)人工网格法

某些情况下,污染物不呈现出均匀扩散的特征,其监测结果不适于进行插值计算,可采用此方法。

根据站位分布规律,划定大小形状一致或相似的网格,每个网格对应一个或多个站位,网格内站点的污染状况代表了整个网格的污染状况。若一个网格内有多个站点,且水质状况不同,可再进一步划分,见图 6 – 2 和图 6 – 3 所示。

6.2.2.4　多个结果的综合

污染范围评价往往是多个结果的综合,包括不同时间的综合与不同监测指标(监测手段)的综合。

在溢油应急监测中,一般会连续开展监测,根据每次的监测结果可以得到该时间点的污染范围,单次的污染范围评价结果应该进行综合,得到该监测周期内综合的污

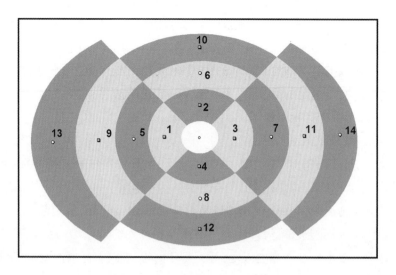

图 6 - 2　人工网格示例(辐射分布)

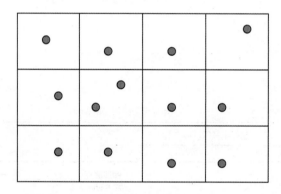

图 6 - 3　人工网格示例(规则矩形分布)

染范围。

对于海水水质来说,除了溶解态石油类污染范围,海面油膜也是水质受到污染的一个重要指标,因此对于海面油膜分布范围应进行评价,对于溶解态石油类污染范围与海面油膜分布范围也应进行综合。

海面油膜分布范围一般根据遥感监测获得。

综合方法就是进行图形叠加,利用 GIS 软件,对不同污染范围进行叠加,获得综合污染范围。

6.2.3　海水水体体积评价

6.2.3.1　基本公式

海水污染水体体积 = 海水污染面积 × 海水污染深度。

6.2.3.2 平均污染深度法

当整个污染范围内所有站位所有监测层次均受到污染时,可以计算整个污染区域的平均深度,作为平均污染深度。将污染面积与平均污染深度相乘,得到污染水体体积。

当仅进行了表层监测,而整个污染范围内所有站位表层受到污染时,取 1 m 作为平均污染深度。

6.2.3.3 网格计算法

对污染海域网格化,计算出各网格点面积和污染深度,二者相乘,得到该网格点污染水体体积,所有网格点污染水体体积相加,得到总污染水体体积。

网格点内污染深度计算方法:

(1)若所有层次超标,按水深作为污染水体深度。

(2)若仅监测表层,且超标,取 1 m 作为污染水体深度。

(3)若监测多层,部分层次超标,按不同层次间污染物浓度比例关系,假定在污染物均匀扩散情况下,计算污染水体深度。

6.2.4 海面溢油量估算

6.2.4.1 根据厚度、面积计算

根据海面油膜面积和油膜厚度计算残油量,其计算公式如下:

$$Q = S \times p \times h \times \rho_i \qquad (6.6)$$

式中:Q——海面油膜残油量;

S——海面油膜分布区域总面积;

p——海面油膜覆盖率(若海面油膜呈连续分布,S 即为油膜净面积,则 $p=1$);

h——海面油膜厚度;

ρ_i——油的密度。ρ_i 若无法获取,也可直接用体积数表达溢油量。

油膜厚度可根据《海洋溢油生态损害评估技术导则》(HY/T 095—2007)行业标准规定的颜色与厚度对应关系进行估算(表 6-3)。

表 6-3　油膜颜色与厚度对应关系

油膜颜色	大致厚度/μm	大致体积/(m³/km²)
银白色	0.02~0.05	0.02~0.05
灰色	0.1	0.1
彩虹色	0.3	0.3
蓝色	1.0	1.0

油膜颜色	大致厚度/μm	大致体积/(m³/km²)
蓝褐色	5	5
褐色	15	15
黑色	20	20
黑褐色	100	100
橘黄色或巧克力色	1 000 ~ 4 000	1 000 ~ 4 000

6.2.4.2 其他估算方法

《海洋溢油生态损害评估技术导则》(HY/T 095—2007)还介绍了质量平衡法进行溢油量估算。此外,现场油污清理结果也可作为溢油量估算的一个重要参考。

6.2.5 海水水体污染物增量估算

海水污染物增量评价的监测方法应同时具备空间层次和时间序列。空间上应监测到污染范围内从表至底各层次的污染物分布状况;时间上应监测到污染物从增长的恢复的全过程。建议的监测方法如下。

在事故初期可选择重点区域进行垂直监测,层次设置为 1 m、5 m、10 m⋯,至下层浓度恢复到事故前状态时停止垂直监测。

一般选用垂直监测结果中中底层海水污染最重的一次监测结果进行水体中污染物(一般是石油类)增量计算。

对该垂直平均浓度和水深数据同时进行插值计算,插值方法推荐克里金法或径向基函数法,对浓度和水深设置相同的插值参数(边界、网格间距),得到每个网格点的水深和垂直平均浓度。

按式(6.7)计算水体污染物增量:

$$水体污染物增量 = \sum_{i=1}^{n} \left[(c_{i1} - c_{i0}) \cdot Dep_i \cdot A_i \right] \tag{6.7}$$

式中:n——网格点数;

　c_{i1}——第 i 个网格点现状浓度;

　c_{i0}——第 i 个网格点背景浓度;

　Dep_i——第 i 个网格点水深;

　A_i——每个网格点所代表海域面积。

一般每个网格点面积相同,因此为一个固定值,式(6.7)可写为:

$$水体污染物增量 = A_i \cdot \sum_{i=1}^{n} \left[(c_{i1} - c_{i0}) \cdot Dep_i \right] \tag{6.8}$$

以上获得的为在一个时间点上海水中污染物增量。若污染泄漏是一次性发生,且迅速处置完毕,无持续性释放过程,那么可以估计为整个事故中向海水中进入的污染物量。若污染源持续存在,则该估算不能代表全部的污染物增量。

若监测中未发现中底层受到石油类污染的影响,也可只利用表层监测数据进行计算,表层海水深度根据采样器具体深度而定,一般可取 0.5 ~ 1 m。

6.2.6 沉积物质量评价

沉积物质量评价方法与水质评价方法类似,也包括比较评价法和单因子评价法。沉积物标准值如表 6 - 4。

表 6 - 4 沉积物标准值表

项目	第一类	第二类	第三类
色、臭、结构	沉积物无异色、异臭、自然结构		
汞(×10⁻⁶) ≤	0.2	0.5	1.0
镉(×10⁻⁶) ≤	0.50	1.50	5.00
铅(×10⁻⁶) ≤	60.0	130.0	250.0
铬(×10⁻⁶) ≤	80.0	150.0	270.0
砷(×10⁻⁶) ≤	20.0	65.0	93.0
铜(×10⁻⁶) ≤	35.0	100.0	200.0
锌(×10⁻⁶) ≤	150.0	350.0	600.0
有机碳(×10⁻²) ≤	2.0	3.0	4.0
硫化物(×10⁻⁶) ≤	300.0	500.0	600.0
石油类(×10⁻⁶) ≤	500.0	1000.0	1500.0

6.2.7 沉积物中多环芳烃生态风险评价

对沉积物中多环芳烃,可进行生态风险评价。根据 Long 等提出的海洋和河口湾表层沉积物以及加拿大安大略环保部门制定的淡水沉积物中多环芳烃潜在生态风险的效应区间低值(effects range low,ERL)和效应区间中值(effects range median,ERM)(见表 6 - 5)进行评价。ERL 和 ERM 的值分别定义为某一(类)化合物对生物极少产生和经常产生负效应的含量指标,两者又被视为沉积物质量的生态风险标志水平。借助 ERL 和 ERM 可评估有机污染物的生态风险效应:若污染物浓度小于 ERL,则生态风险小于 10%,对生物的毒副作用不明显,极少产生负面生态效应;若污染物的浓度在两者之间,则偶尔发生负面生态效应;若污染物浓度大于 ERM,则生态风险大于

75%,对生物会产生毒副作用,经常会出现负面生态效应。

表 6 – 5　沉积物中多环芳烃 ERL 和 ERM 值

多环芳烃	沉积物生态风险标志水平/(ng/g)	
	ERL	ERM
萘	160	2100
二氢苊	16	550
苊	44	640
芴	19	540
菲	240	1500
蒽	85	1100
荧蒽	600	5100
芘	665	2600
苯并[a]蒽	261	1600
屈	384	2800
苯并[a]芘	430	1600
二苯并[a,h]蒽	63	260

6.2.8　沉积物中石油类增量评价

6.2.8.1　计算公式

采用均值法计算沉积物污染区域溢油量。估算公式为:

$$沉积物中石油类增量 = \sum_{i=1}^{n} (\overline{c_i} - \overline{c_{i0}}) \times D \times \rho \times A_i \quad (6.9)$$

式中:n——分区数量;

$\overline{c_i}$——第 i 个区域石油类含量现状值;

$\overline{c_{i0}}$——第 i 个区域背景浓度;

D——取样厚度,即采集沉积物样品时刮取表层沉积物的厚度;

ρ——沉积物干密度;

A——每个区域所代表海域面积。

6.2.8.2　计算步骤

按以下步骤进行计算。

(1)区域划分:依据背景值或现状值划分区域,区域划分越细则计算误差越小。

(2)沉积物石油类增量计算:各区域内沉积物石油类增量累加参与计算的每个区

域上现状均值与背景值的差值(增量),乘以面积、厚度和干密度,获得该区域中石油类增量,即各区域沉积物溢油量。

6.2.9　沉积物污染范围评价

6.2.9.1　沉积物质量等级的判定

当一个监测站位中任意一种监测要素超过某一标准等级,则该站位海洋沉积物质量劣于该等级。

6.2.9.2　评价要素的选择

确定沉积物污染等级、范围时,选用与石油类污染最相关的要素进行评价。其中,石油类为必选要素,其他如硫化物、有机碳等相关性指标也可参与评价。若监测中发现有与石油类污染无明显关联的要素也出现较严重超标情况时,也应予以说明。

6.2.9.3　沉积物污染范围的判定

根据监测沉积物中石油类含量超出背景值(考虑正常波动值)的范围确定沉积物污染面积。在一定监测范围内,将沉积物受到污染的站位连接成封闭区域,若该区域内沉积物受污染站位占总监测站位数的90%以上,则认为该封闭区域为沉积物污染范围。

6.2.9.4　污染区域分类

轻度污染区(或超一类污染区):沉积物质量劣于第一类海洋沉积物质量标准,而符合第二类海洋沉积物质量标准的区域。

中度污染区(或超二类污染区):沉积物质量劣于第二类海洋沉积物质量标准,而符合第三类海洋沉积物质量标准的区域。

重度污染区(或超三类污染区):沉积物质量劣于第三类海洋沉积物质量标准的区域。

可见油污区:对于沉积物表面可观察到明显油膜的,应单独描述。在进行污染范围图绘制时,作为重度污染区处理。

沉积物质量优于背景值的污染区:符合污染区判定条件,但同时沉积物质量优于背景值的,应在评价报告中予以说明,不作为受该次溢油污染的区域。

6.2.9.5　区域边界的确定

将达到同一污染等级的多个监测站点以直线连接,连线形成的区域内,若有90%以上站点污染程度达到连线站点的污染程度,则认为该区域整体污染程度达到与连线上站点相同的污染程度。

6.3 海水、沉积物溢油污染监测与评价报告大纲

监测评价报告可按以下内容编写：

1 概述

简述评估任务由来、评估技术依据、评估目的、评估范围、评估内容与程序等

2 评估区域概况

简述自然环境、生态环境、社会环境等，重点描述周边敏感资源情况。

3 监测工作概况

简单介绍工作开展情况，如监测站位布设、监测项目设置，监测工作实施情况等。

4 溢油量估算与溢油源诊断

利用调查结果开展溢油量估算；

对采集的溢油样品开展油指纹鉴定，将鉴定结果简要描述，油指纹采样点分布及重要指纹谱图可给出图片。

5 环境影响评价

包括海面油膜评价、海水环境评价、沉积物环境评价等。

6 评价结论

包括海面油膜分布状况、海水水质影响、海水污染范围、沉积物质量影响、沉积物污染范围等等主要结论。

实际报告编写过程中，由于事故规模大小不同，监测工作开展的内容不同，报告可根据实际情况对结构进行调整和增删。对于岸滩溢油和海上溢油登陆的情况，应开展岸滩溢油监测，报告中增加相应内容，具体监测评价方法可按照《岸滩溢油监测评价指导手册》的要求执行。许多时候还应开展生物质量和生态系统监测，可按照海洋生态监测调查的相关规范开展监测和评价。对于需要开展生态损害价值评估的，应按照《海洋溢油生态损害评估技术导则》(HY/T 095—2007)的要求开展监测和评估。